Written By:

Kim Mitzo Thompson

Karen Mitzo Hilderbrand

Illustrations:
Goran Kozjak
Mark Paskiet

Cover Design:
Steve Ruttner

Layout:
Jeanna Taipale

Twin 201 - **MULTIPLICATION** - ISBN # 0-9632249-1-3

Copyright © 1991, updated 1996, Kim Mitzo Thompson and Karen Mitzo Hilderbrand, Twin Sisters Productions. All rights reserved. No part of this publication may be reproduced, stored in a retrieval system, or transmitted in any form electronic, mechanical, photocopying, recording, or otherwise, without written permission of the copyright owners. Permission is hereby granted, with the purchase of one copy of **MULTIPLICATION** to reproduce the worksheets for use in the classroom.

© 1996 Twin Sisters Productions, Inc.

Table of Contents

Multiplication Worksheets:
Important Rules 3
Counting By 2's 4
Multiplication Is Repeated Addition 5
The Product Remains the Same 6
Counting By 3's 7
Number Line Multiplication 8
Grand Slam 9
Counting By 4's 10
Block The Kick 11
Racing Toward The Finish Line 12
Counting By 5's 13
Tackle These Problems 14
Solve The Puzzle 15
Counting By 6's 16
Go Team 17
Peddling Along 18
Counting By 7's 19
Slam Dunk It! 20
A Day To Golf 21
Counting By 8's 22
Down Hill Fun 23
Out-Standing 24
Counting By 9's 25
Helpful Hints 26
Hidden Picture 27
Counting By 10's 28
Touchdown! 29
Multiplication Puzzle 30
Counting By 11's 31
The Race Is On 32
Hit The Target 33
Counting By 12's 34
Batter Up! 35
It's A Strike 36

Brainbusters:
Practice Makes Perfect 37
Be A Detective 38
You Can Do It! 39
How About A Game? 40
Ready To Score 41

Problem Solving:
Sporting Fun 42
Blast Off Into Learning 43
A Trip To The Zoo 44
Save Our Earth 45
A Day At Sea 46
Pet Store Problems 47

Practice Pages:
Factors: 0-2 48
Factors: 0-3 49
Factors: 0-4 50
Factors: 0-5 51
Factors: 0-6 52
Factors: 0-7 53
Factors: 0-8 54
Factors: 0-9 55
Factors: 0-10 56
Factors: 0-11 57
Factors: 0-12 58
Factors: 0-12 59

Lyrics / Answer Key
"Rap With The Facts" Lyrics 60
Answer Key 61-64

© 1996 Twin Sisters Productions, Inc.

Name _____   Multiplication Factors: 0-1

IMPORTANT RULES

Write each product.

A. 0 x 0 = _____
    4 x 0 = _____
    8 x 0 = _____
    10 x 0 = _____
    6 x 0 = _____
    3 x 0 = _____
    9 x 0 = _____
    2 x 0 = _____

B. 6 x 1 = _____
    3 x 1 = _____
    2 x 1 = _____
    7 x 1 = _____
    12 x 1 = _____
    4 x 1 = _____
    5 x 1 = _____
    8 x 1 = _____

C. 3 x 0 = _____
    6 x 1 = _____
    8 x 0 = _____
    10 x 1 = _____
    11 x 0 = _____
    2 x 1 = _____
    7 x 0 = _____
    9 x 0 = _____

0 x 2	1 x 7	1 x 9	0 x 4	11 x 1	10 x 0
8 x 1	12 x 0	0 x 5	1 x 3	4 x 0	1 x 12
24 x 1	63 x 0	48 x 1	55 x 1	262 x 0	391 x 1

© 1996 Twin Sisters Productions, Inc.   Twin 201 - Multiplication

Name_____   Multiplication Factors: 0-2

Counting By 2's!

Practice counting by 2's.
Fill in the blanks.

__2__ ___ ___ __8__ ___ ___ ___ ___ ___ __20__ ___ ___

Count by two's.
Help the soccer player score a goal.
You can move across, diagonally,
up, or down. Draw a line through each
box as you move through the maze.

2	4	7	10	9
1	0	6	8	4	0
22	8	10	2	13	12
15	3	6	12	14	5
13	24	2	20	18	16
9	3	16	22	24

Multiply.

2	4	7	2	2	9	5	2
x 2	x 2	x 2	x 3	x 6	x 2	x 2	x 1

2	6	3	12	2	8	10	2
x 11	x 2	x 2	x 2	x 5	x 2	x 2	x 4

© 1996 Twin Sisters Productions, Inc.   Twin 201 - Multiplication

Name_____ Multiplication Factors: 0-2

MULTIPLICATION IS REPEATED ADDITION

1. 2 groups of 4
   4 + 4 = _____
   2 fours = _____

   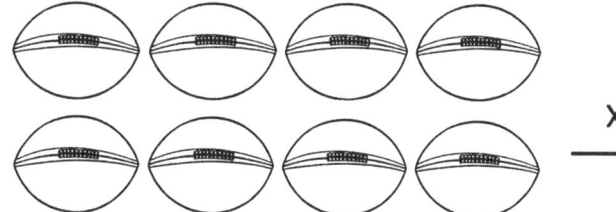

   $\begin{array}{r} 2 \\ \times\,4 \\ \hline \end{array}$

2. 5 groups of 2
   2 + 2 + 2 + 2 + 2 = _____
   5 twos = _____

   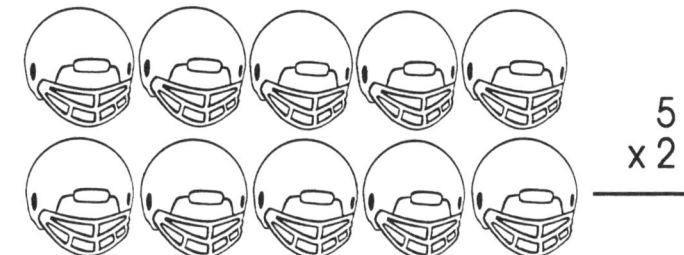

   $\begin{array}{r} 5 \\ \times\,2 \\ \hline \end{array}$

3. 2 groups of 7
   7 + 7 = _____
   2 sevens = _____

   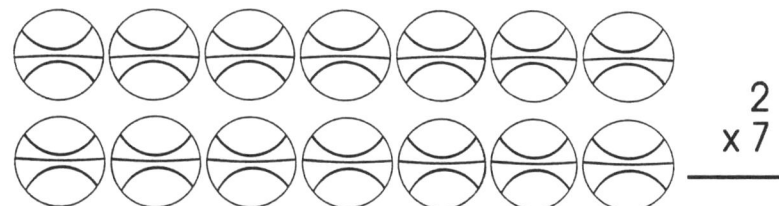

   $\begin{array}{r} 2 \\ \times\,7 \\ \hline \end{array}$

4. 6 groups of 2
   2 + 2 + 2 + 2 + 2 + 2 = _____
   6 twos = _____

   $\begin{array}{r} 6 \\ \times\,2 \\ \hline \end{array}$

© 1996 Twin Sisters Productions, Inc.   Twin 201 - Multiplication

Name_____ Multiplication Factors: 0-2

THE PRODUCT REMAINS THE SAME

Multiply.

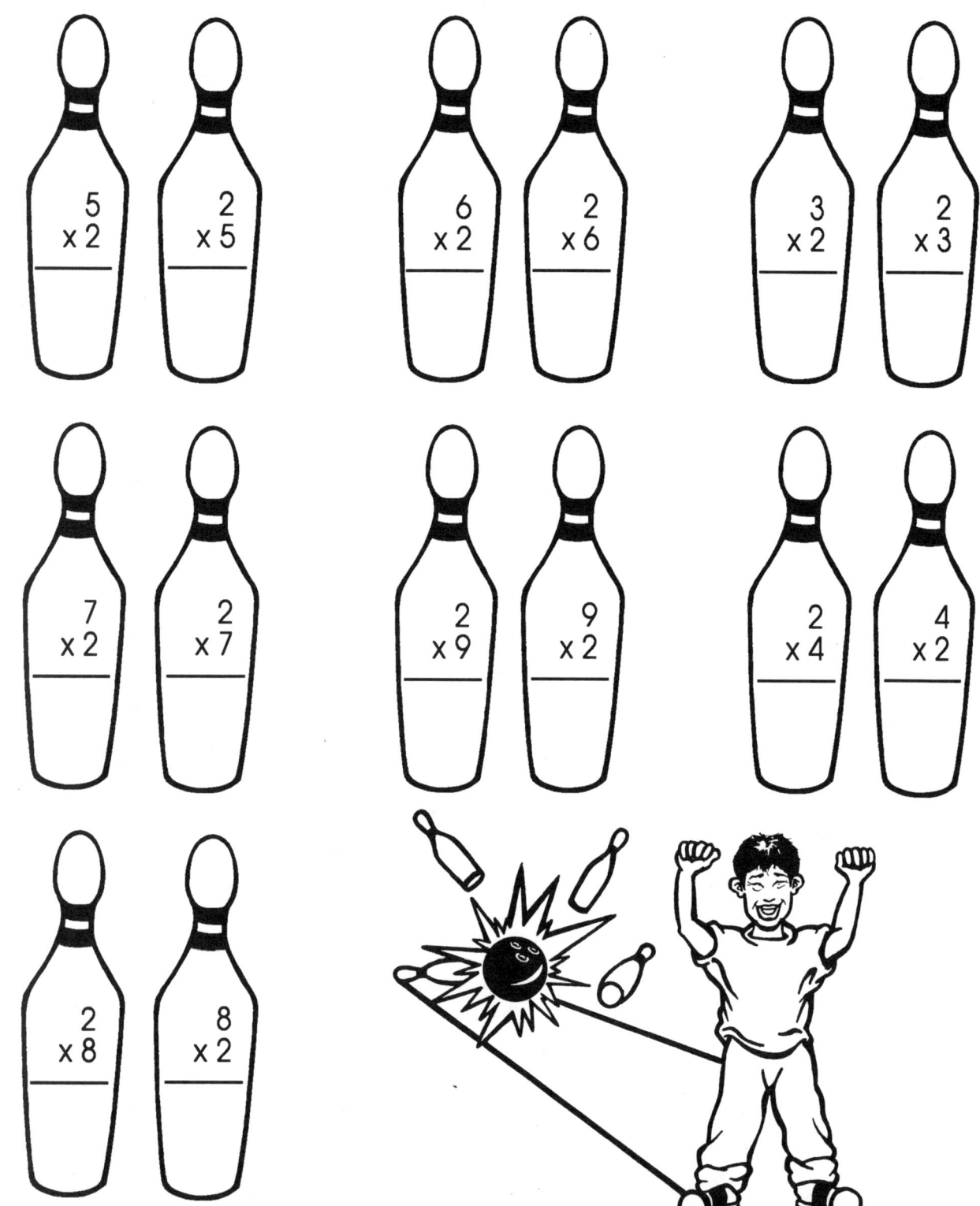

5 × 2	2 × 5	6 × 2	2 × 6	3 × 2	2 × 3

7 × 2	2 × 7	2 × 9	9 × 2	2 × 4	4 × 2

2 × 8	8 × 2

© 1996 Twin Sisters Productions, Inc.   Twin 201 - Multiplication

Name _____ Multiplication Factors: 0-3

Counting By 3's!

Practice counting by 3's.
Fill in the blanks.

<u>3</u> __ __ <u>12</u> __ __ <u>24</u> __ __ __

Count by three's.
Help the basketball player make a basket.
You can move across, diagonally, up, or down. Draw a line through each box as you move through the maze.

4	9	12	0	16
3	6	8	15	19	14
11	2	18	10	17	22
19	21	13	27	30	15
1	10	24	16	14	33
20	12	18	38	36

Multiply.

```
  3      3      6      9     10      3      3      5
x 2    x 3    x 3    x 3    x 3    x 1    x 4    x 3
___    ___    ___    ___    ___    ___    ___    ___


  7     12      3      4      3      2      3      8
x 3    x 3    x 1    x 3    x 6    x 3    x 12   x 3
___    ___    ___    ___    ___    ___    ___    ___
```

© 1996 Twin Sisters Productions, Inc.   Twin 201 - Multiplication

Name _____   Multiplication Factors: 0-3

NUMBER LINE MULTIPLICATION

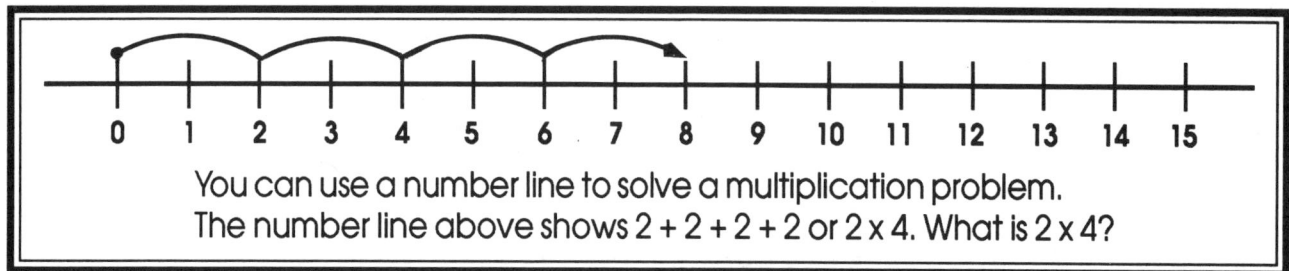

You can use a number line to solve a multiplication problem.
The number line above shows 2 + 2 + 2 + 2 or 2 x 4. What is 2 x 4?

Use the number line to solve each problem.

A.
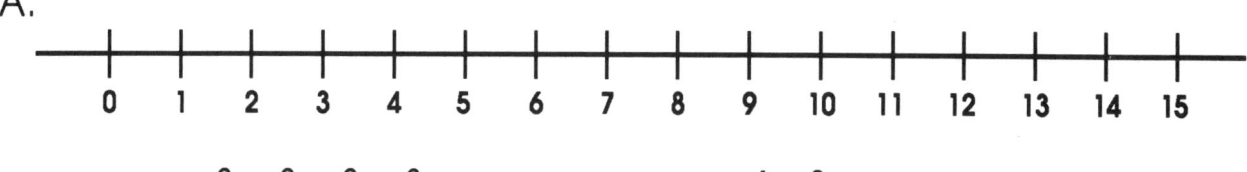

3 + 3 + 3 + 3 = _____   4 x 3 = _____

B.
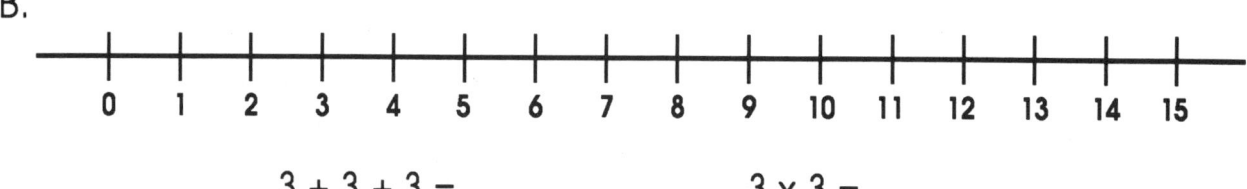

3 + 3 + 3 = _____   3 x 3 = _____

C.
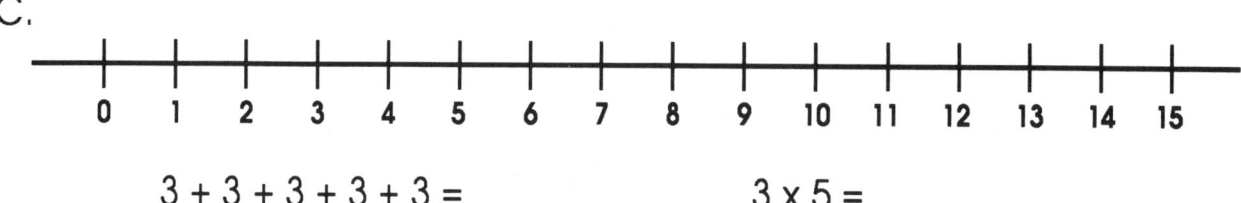

3 + 3 + 3 + 3 + 3 = _____   3 x 5 = _____

D.
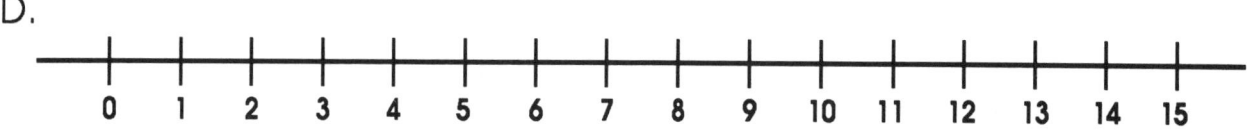

3 + 3 = _____   3 x 2 = _____

© 1996 Twin Sisters Productions, Inc.   Twin 201 - Multiplication

Name_____   Multiplication Factors: 0-3

GRAND SLAM!

Multiply.

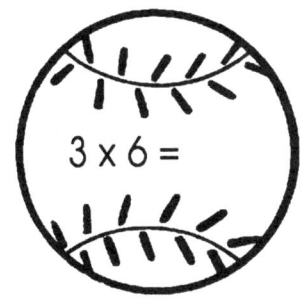 3 x 6 =
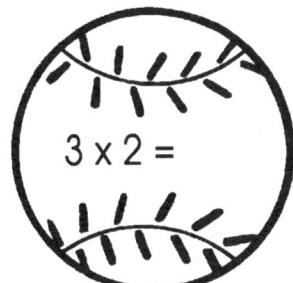 3 x 2 =
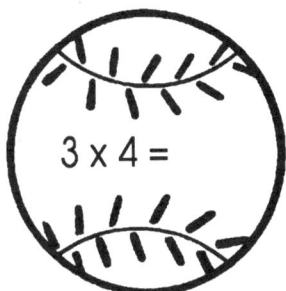 3 x 4 =
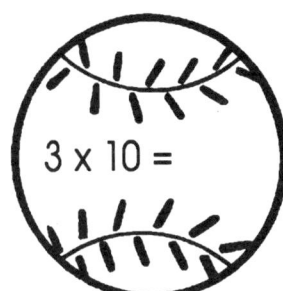 3 x 10 =

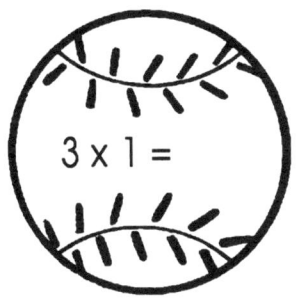 3 x 1 =
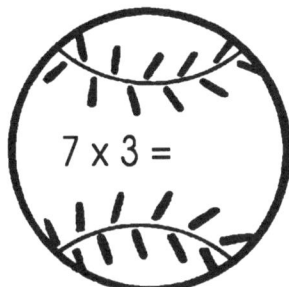 7 x 3 =
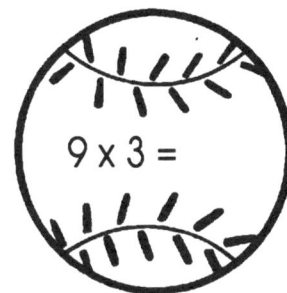 9 x 3 =
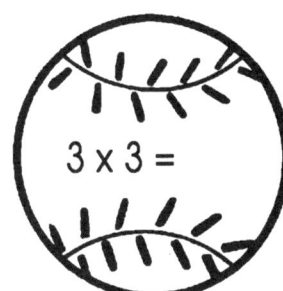 3 x 3 =

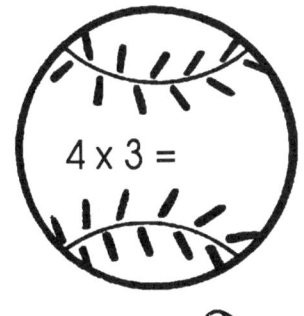 4 x 3 =
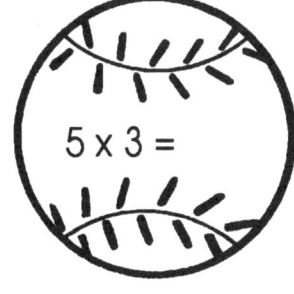 5 x 3 =
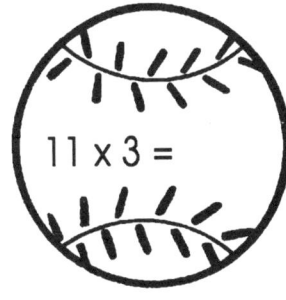 11 x 3 =
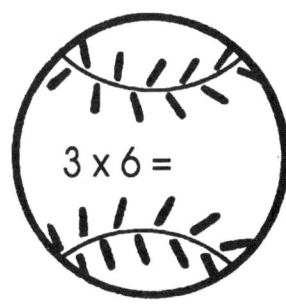 3 x 6 =

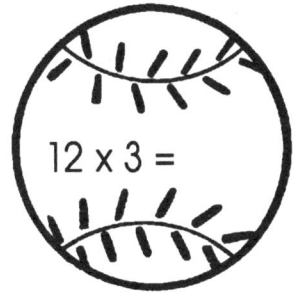 12 x 3 =
 3 x 1 =

© 1996 Twin Sisters Productions, Inc.   Twin 201 - Multiplication

Name_____   Multiplication Factors: 0-4

Counting By 4's!

Practice counting by 4's.
Fill in the blanks.

4 __ __ **16** __ __ __ __ __ **40** __ __

Count by four's.
Help the baseball player hit a home run.
You can move across, diagonally, up, or down. Draw a line through each box as you move through the maze.

21	3	12	8	2	
27	16	18	15	4	5
20	40	25	7	9	24
30	24	28	29	12	10
15	49	16	32	36	35
	48	44	40	39	20

Multiply.

```
  4      6     12      4      4      7      5      4
x 1    x 4    x 4    x 5    x 2    x 4    x 4    x 4
___    ___    ___    ___    ___    ___    ___    ___


  3     11      2      4     12      8      4     10
x 4    x 4    x 4    x 0    x 4    x 4    x 1    x 4
___    ___    ___    ___    ___    ___    ___    ___
```

© 1996 Twin Sisters Productions, Inc.   Twin 201 - Multiplication

Multiplication Factors: 0-4

BLOCK THE KICK!

Fill in the missing factor or product.

```
   4        6       □       □       4       □
×  □    ×   □   ×   4   ×   9   ×   □   ×   4
  ──      ──      ──      ──      ──      ──
  12       18      36      27      40       8


   4       □       3       8       4       □
×  7   ×   4   ×   □   ×   □   ×  12   ×   4
  ──      ──      ──      ──      ──      ──
   □       44      12      32      □       20
```

```
   □       2                       □       9
×  4   ×   □                   ×   1   ×   □
  ──      ──                      ──      ──
  16       4                       4       36
```

Name_____   Multiplication Factors: 0-4

RACING TOWARD THE FINISH LINE!

Multiply.

4	5	2	1	4	4	8	6
x4	x4	x3	x4	x7	x9	x4	x4

4	10	4	12	3	4	11	4
x0	x4	x2	x4	x4	x4	x4	x1

2	7	6	4	10	8	12	3
x5	x2	x3	x6	x3	x4	x2	x3

1	3	4	7	10	2	0	9
x2	x6	x3	x2	x3	x3	x1	x4

4	2	7	9
x4	x3	x4	x2

Name _____ Multiplication Factors: 0-5

COUNTING BY 5'S!

Practice counting by 5's.
Fill in the blanks.

__5__ ___ ___ ___ ___ __30__ ___ ___ ___ ___ __55__ ___

Count by five's.
Help the bowler get a strike.
You can move across, diagonally,
up, or down. Draw a line through each
box as you move through the maze.

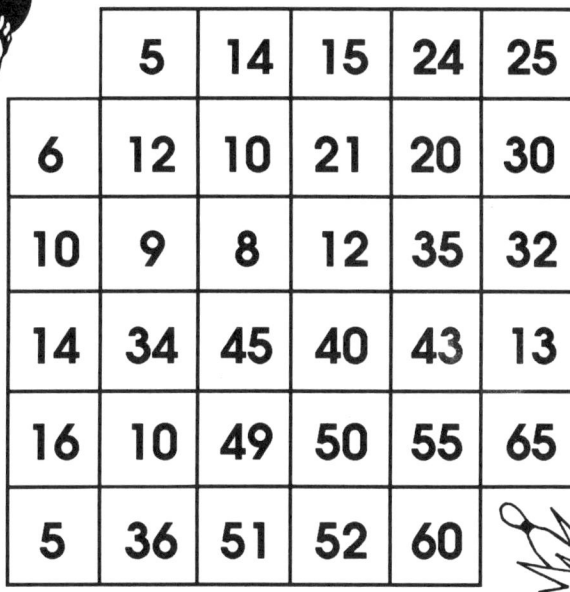

5	14	15	24	25
6	12	10	21	20	30
10	9	8	12	35	32
14	34	45	40	43	13
16	10	49	50	55	65
5	36	51	52	60

Multiply.

```
  5      7      4      5      5      6      2      5
x 2    x 5    x 5    x 3    x 5    x 5    x 5    x 8
___    ___    ___    ___    ___    ___    ___    ___


  5      9      5      5     12      5      5     10
x 0    x 5    x 8    x11    x 5    x 4    x 1    x 5
___    ___    ___    ___    ___    ___    ___    ___
```

© 1996 Twin Sisters Productions, Inc.   Twin 201 - Multiplication

Name_____   Multiplication Factors: 0-5

TACKLE THESE PROBLEMS

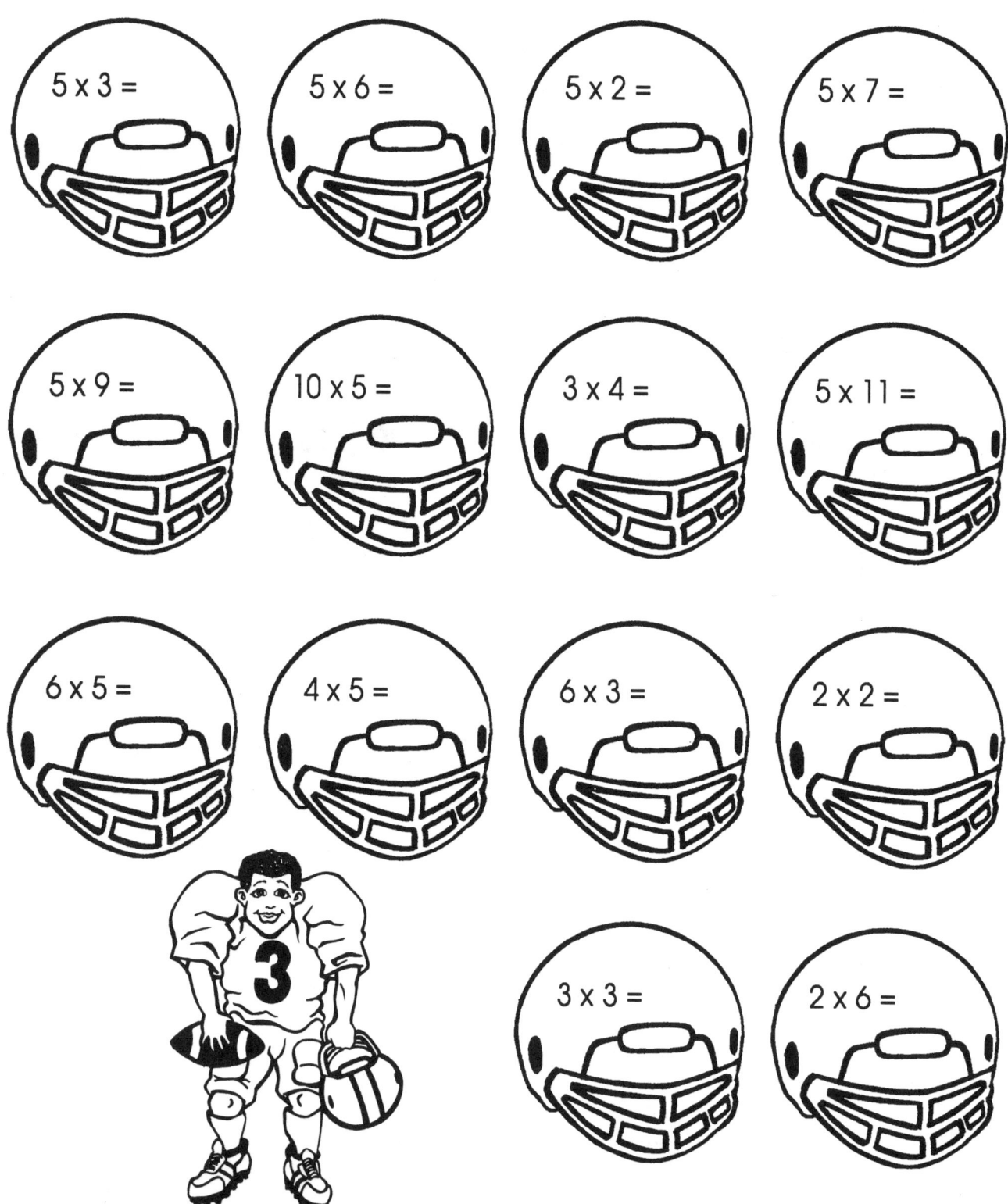

5 x 3 =   5 x 6 =   5 x 2 =   5 x 7 =

5 x 9 =   10 x 5 =   3 x 4 =   5 x 11 =

6 x 5 =   4 x 5 =   6 x 3 =   2 x 2 =

3 x 3 =   2 x 6 =

© 1996 Twin Sisters Productions, Inc.   Twin 201 - Multiplication

Name_____   Multiplication Factors: 0-5

SOLVE THE PUZZLE

Multiply.

A. 5 x 2 = _____
    5 x 5 = _____
    6 x 5 = _____
    2 x 2 = _____
    4 x 5 = _____
    3 x 11 = _____

B. 2 x 6 = _____
    5 x 7 = _____
    2 x 3 = _____
    5 x 9 = _____
    5 x 3 = _____
    4 x 4 = _____

Find the problems from above in the puzzle. Circle the problem and answer.

5	7	35	6	2	2	18	16
10	2	6	12	2	3	5	25
3	7	10	10	4	6	5	30
30	11	5	9	45	12	25	5
8	32	33	4	5	20	19	3
27	4	4	16	29	18	14	15

© 1996 Twin Sisters Productions, Inc.   Twin 201 - Multiplication

Name________________________________ Multiplication Factors: 0-6

Counting By 6's!

Practice counting by 6's.
Fill in the blanks.

6 ___ ___ 24 ___ ___ ___ ___ ___ 60 ___ ___

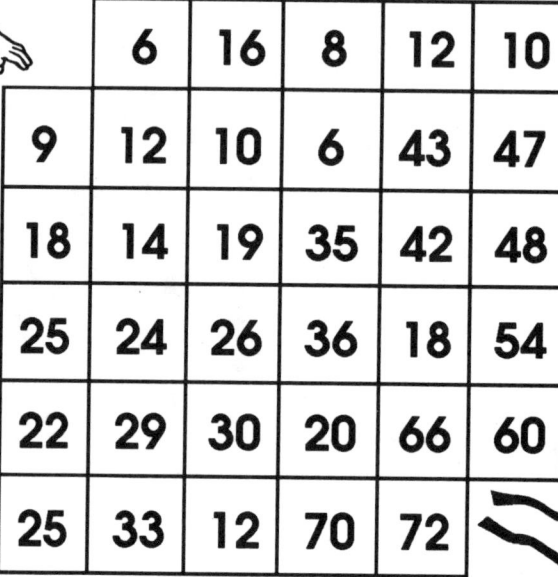

Count by six's.
Help the runner get to the finish line.
You can move across, diagonally, up, or down. Draw a line through each box as you move through the maze.

	6	16	8	12	10
9	12	10	6	43	47
18	14	19	35	42	48
25	24	26	36	18	54
22	29	30	20	66	60
25	33	12	70	72	

Multiply.

6 x 1	2 x 6	4 x 6	6 x 3	6 x 2	3 x 6	12 x 6	10 x 6
6 x 8	11 x 6	6 x 0	5 x 6	7 x 6	6 x 6	9 x 6	6 x 2

Name_____   Multiplication Factors: 0-6

GO TEAM!

Complete each multiplication puzzle.

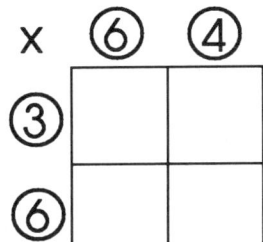 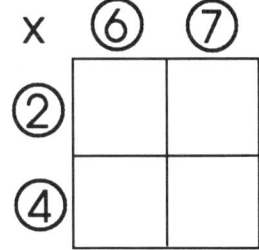

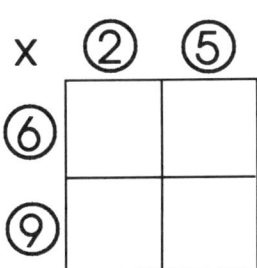 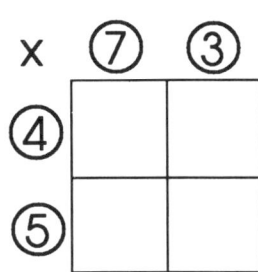 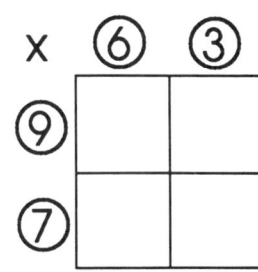

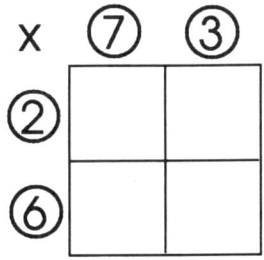 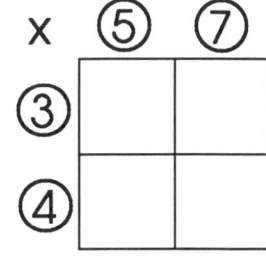 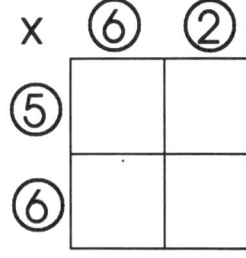

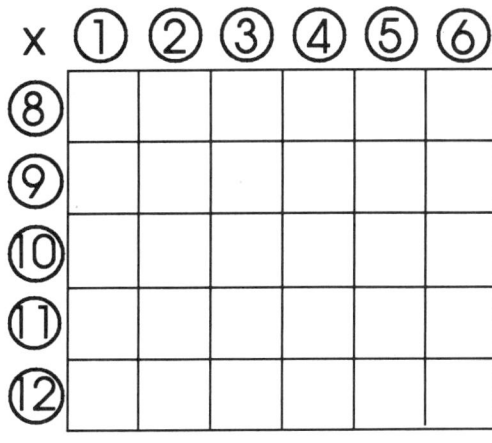 

© 1996 Twin Sisters Productions, Inc.   17   Twin 201 - Multiplication

Peddling Along

Fill in the missing factor or product.

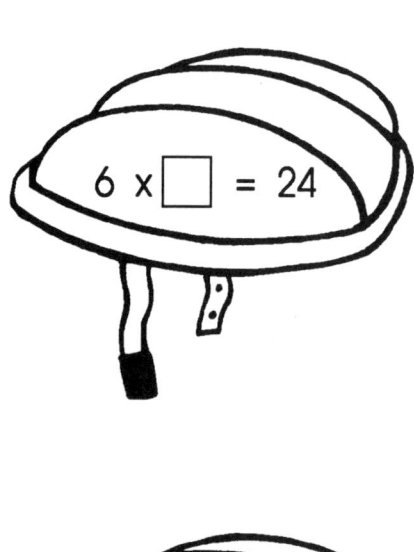 6 x ☐ = 24

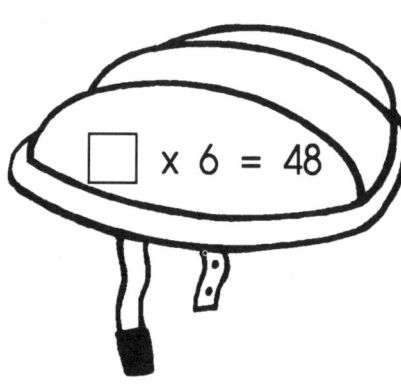 ☐ x 6 = 48

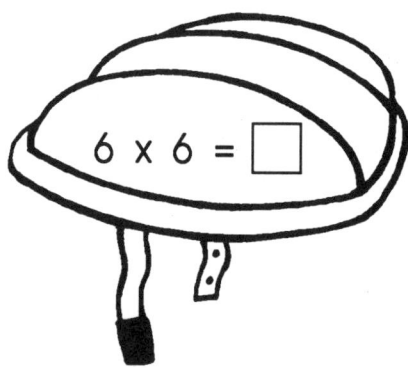 6 x 6 = ☐

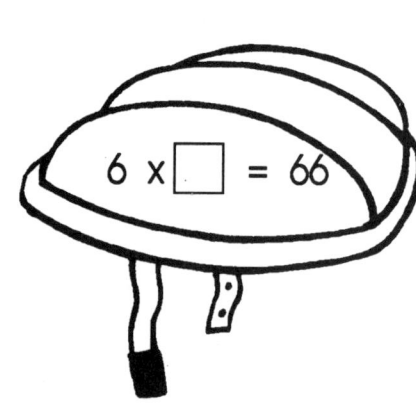 6 x ☐ = 66

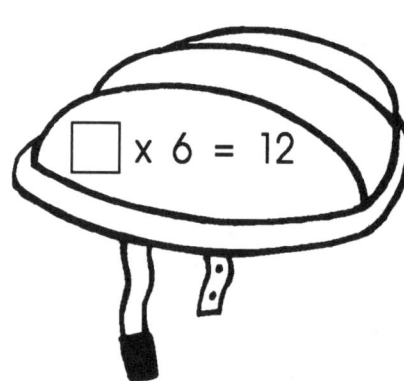 ☐ x 6 = 12

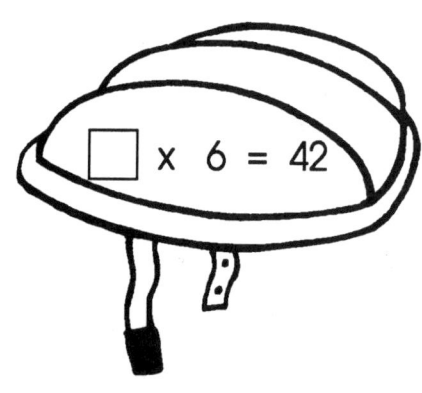 ☐ x 6 = 42

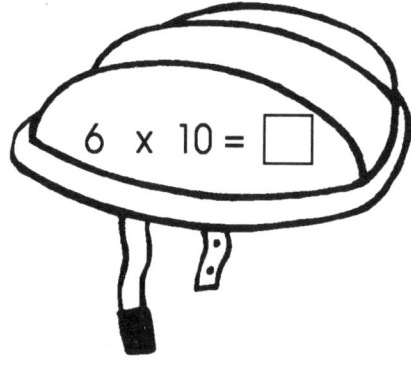 6 x 10 = ☐

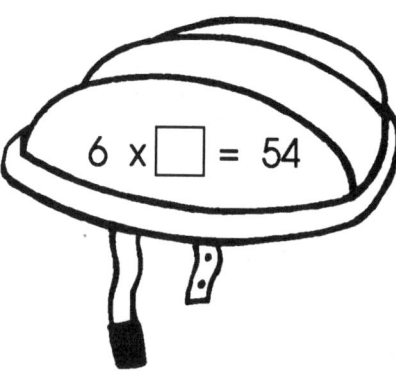 6 x ☐ = 54

Name _____   Multiplication Factors: 0-7

COUNTING BY 7's!

Practice counting by 7's.
Fill in the blanks.

<u>7</u> __ __ __ <u>35</u> __ __ __ __ <u>77</u> __

Count by seven's.
Help the swimmer win a gold medal.
You can move across, diagonally,
up, or down. Draw a line through each
box as you move through the maze.

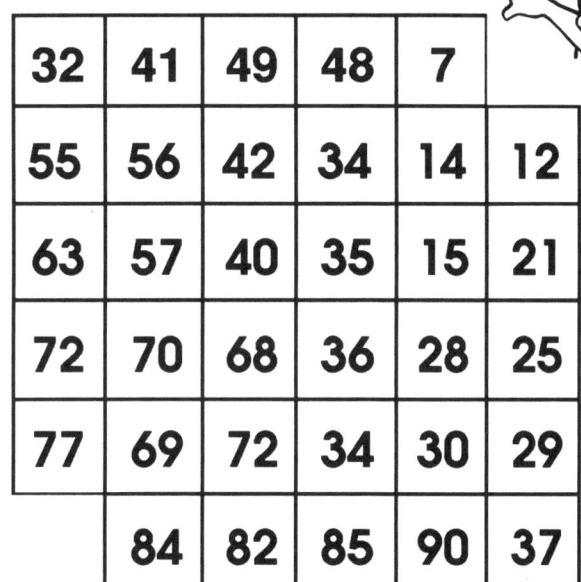

32	41	49	48	7	
55	56	42	34	14	12
63	57	40	35	15	21
72	70	68	36	28	25
77	69	72	34	30	29
	84	82	85	90	37

Multiply.

  7   4   7   3   12   7   10   7
x 1   x 7   x 2   x 7   x 7   x 7   x 7   x 5

  7   11   7   9   7   6   7   7
x 7   x 7   x 8   x 7   x 6   x 7   x 5   x 3

Name_____   Multiplication Factors: 0-7

SLAM DUNK IT!

Multiply.

7 × 3   7 × 6   7 × 9   7 × 10

2 × 7   12 × 7   7 × 1   7 × 4

5 × 7   7 × 7   6 × 7   8 × 7

7 × 11   9 × 7

Name_____ Multiplication Factors: 0-7

A Day to Golf

Solve each problem.
Use the secret code to find the message.

16	28	42	35	24	14	48
E	H	I	A	O	L	N

7 x 5
35
A

4 x 7	3 x 8	2 x 7	4 x 4

7 x 6	4 x 12

6 x 4	6 x 8	2 x 8

© 1996 Twin Sisters Productions, Inc.   Twin 201 - Multiplication

Name _____   Multiplication Factors: 0-8

COUNTING BY 8'S!

Practice counting by 8's.
Fill in the blanks.

<u>8</u> ___ ___ ___ ___ <u>48</u> ___ ___ ___ <u>80</u> ___ ___

Count by eight's.
Help the golfer get a hole in one.
You can move across, diagonally,
up, or down. Draw a line through each
box as you move through the maze.

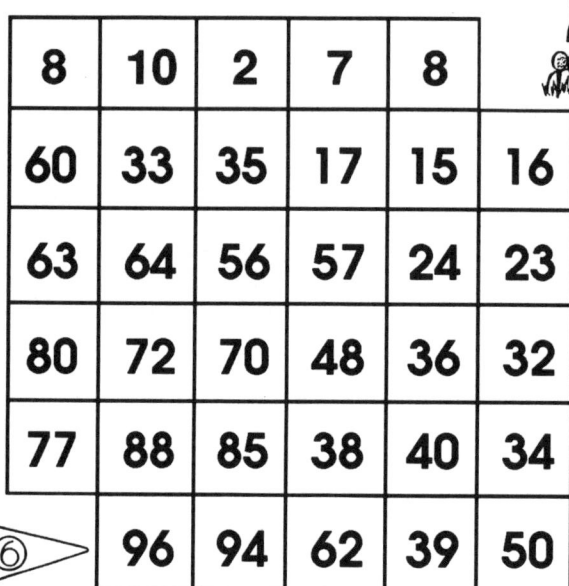

8	10	2	7	8	
60	33	35	17	15	16
63	64	56	57	24	23
80	72	70	48	36	32
77	88	85	38	40	34
96	94	62	39	50	

Multiply.

```
  8      10      8       2       8       8       5       8
x 3     x 8     x 8     x 8     x 4     x 6     x 8     x 9
___     ___     ___     ___     ___     ___     ___     ___


 12      8      11       8       8       2       8       4
x 8     x 3     x 8     x 1     x 7     x 8     x 0     x 8
___     ___     ___     ___     ___     ___     ___     ___
```

© 1996 Twin Sisters Productions, Inc.   22   Twin 201 - Multiplication

Name_____   Multiplication Factors: 0-8

DOWN HILL FUN

Write the products in the list below. Find each problem hidden in the puzzle. Circle each problem and write a x and an = sign in the correct place.

A. 8 x 3 = _____
    3 x 4 = _____
    10 x 5 = _____
    7 x 8 = _____
    11 x 2 = _____
    6 x 8 = _____
    9 x 8 = _____
    2 x 2 = _____

B. 9 x 2 = _____
    3 x 3 = _____
    8 x 8 = _____
    12 x 7 = _____
    8 x 0 = _____
    5 x 8 = _____
    8 x 4 = _____
    8 x 12 = _____

C. 5 x 5 = _____
    8 x 1 = _____
    8 x 10 = _____
    11 x 6 = _____
    8 x 2 = _____
    12 x 3 = _____
    5 x 7 = _____
    8 x 11 = _____

8	3	24	0	12	7	84	88	3
8	4	20	10	5	50	11	16	64
2	12	11	6	66	8	14	8	9
16	3	3	9	7	32	8	80	8
2	16	11	24	4	8	10	5	72
8	36	2	8	45	8	56	7	9
12	8	22	16	6	8	48	35	2
96	1	5	5	25	5	8	40	18
0	8	10	34	8	0	0	56	42
12	3	36	2	2	4	12	72	80

© 1996 Twin Sisters Productions, Inc.   Twin 201 - Multiplication

Name _____   Multiplication Factors: 0-8

Out-Standing!

Fill in the missing factors and products.

x	2
2	
	10
8	
	18
	6

x	6
7	
	24
	48
2	
9	

x	8
	56
9	
	40
3	
	16

x	5
4	
	30
9	
	55
8	

x	4
	16
7	
9	
	40
12	

x	7
7	
	63
3	
	28
7	

© 1996 Twin Sisters Productions, Inc.   Twin 201 - Multiplication

Name _____   Multiplication Factors: 0-9

Counting By 9's!

Practice counting by 9's.
Fill in the blanks.

9 ___ ___ ___ 45 ___ ___ ___ 81 ___ ___ ___

Count by nine's.
Help the race car driver win the race.
You can move across, diagonally,
up, or down. Draw a line through each
box as you move through the maze.

9	18	20	29	60
45	26	27	26	45	32
25	32	30	36	35	92
35	40	45	44	90	98
55	54	80	81	106	99
60	63	72	105	108	

Multiply.

9	2	9	9	12	9	10	8
x 1	x 9	x 2	x 5	x 9	x 9	x 9	x 9

9	11	9	4	9	3	9	6
x 3	x 9	x 7	x 9	x 0	x 9	x 2	x 9

Name _____   Multiplication Factors: 0-9

Helpful Hints

When you multiply by 9 the answer when added together will equal 9.
For example: 9 x 3 = 27, 2 + 7 = 9, or 9 x 4 = 36, 3 + 6 = 9.

Solve each problem.

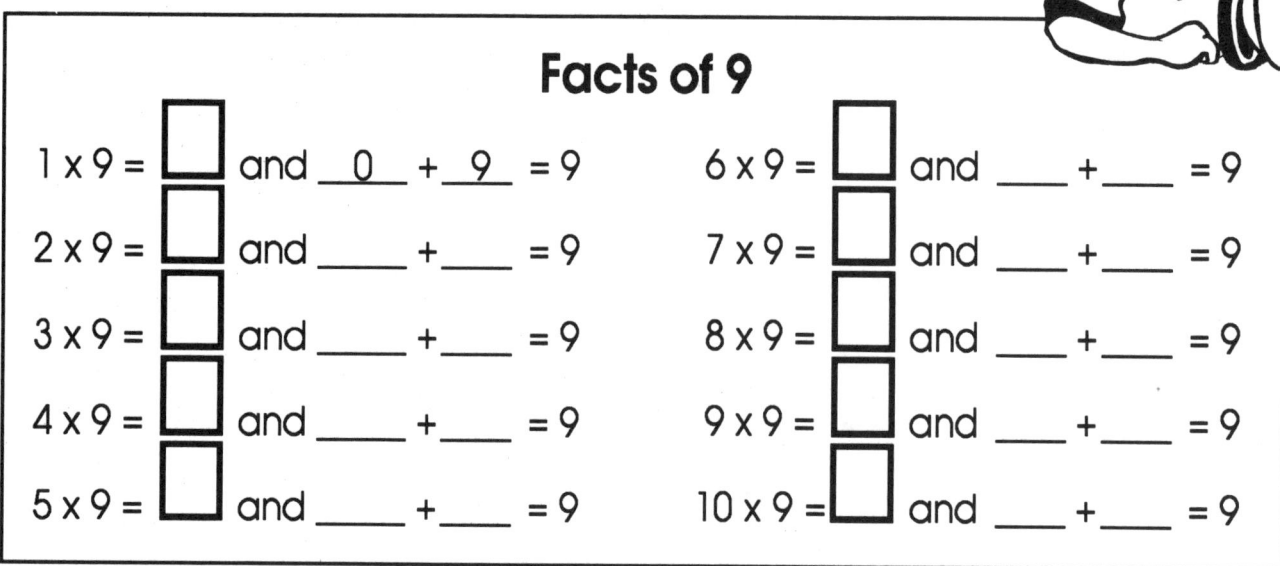

Facts of 9

1 x 9 = ☐ and __0__ + __9__ = 9   6 x 9 = ☐ and ___ + ___ = 9

2 x 9 = ☐ and ___ + ___ = 9   7 x 9 = ☐ and ___ + ___ = 9

3 x 9 = ☐ and ___ + ___ = 9   8 x 9 = ☐ and ___ + ___ = 9

4 x 9 = ☐ and ___ + ___ = 9   9 x 9 = ☐ and ___ + ___ = 9

5 x 9 = ☐ and ___ + ___ = 9   10 x 9 = ☐ and ___ + ___ = 9

Circle each fact of 9:

9	3	27	5	14	20	7	9	9	6	54	3	9	0	0
6	12	0	9	9	1	9	14	16	46	1	18	9	2	18
9	9	81	1	7	90	1	41	52	9	9	2	18	43	9
8	26	9	62	63	10	9	3	27	83	4	11	19	18	54
72	9	18	10	12	0	49	24	31	1	36	20	9	16	0
15	38	5	51	90	9	4	36	9	96	56	24	16	10	9
9	21	9	45	90	9	12	11	19	7	84	9	9	81	3
0	9	8	72	0	32	54	48	4	17	63	15	11	9	5

Name_____ Multiplication Factors: 0-9

HIDDEN PICTURE

Color each space in which the answer is an odd number.

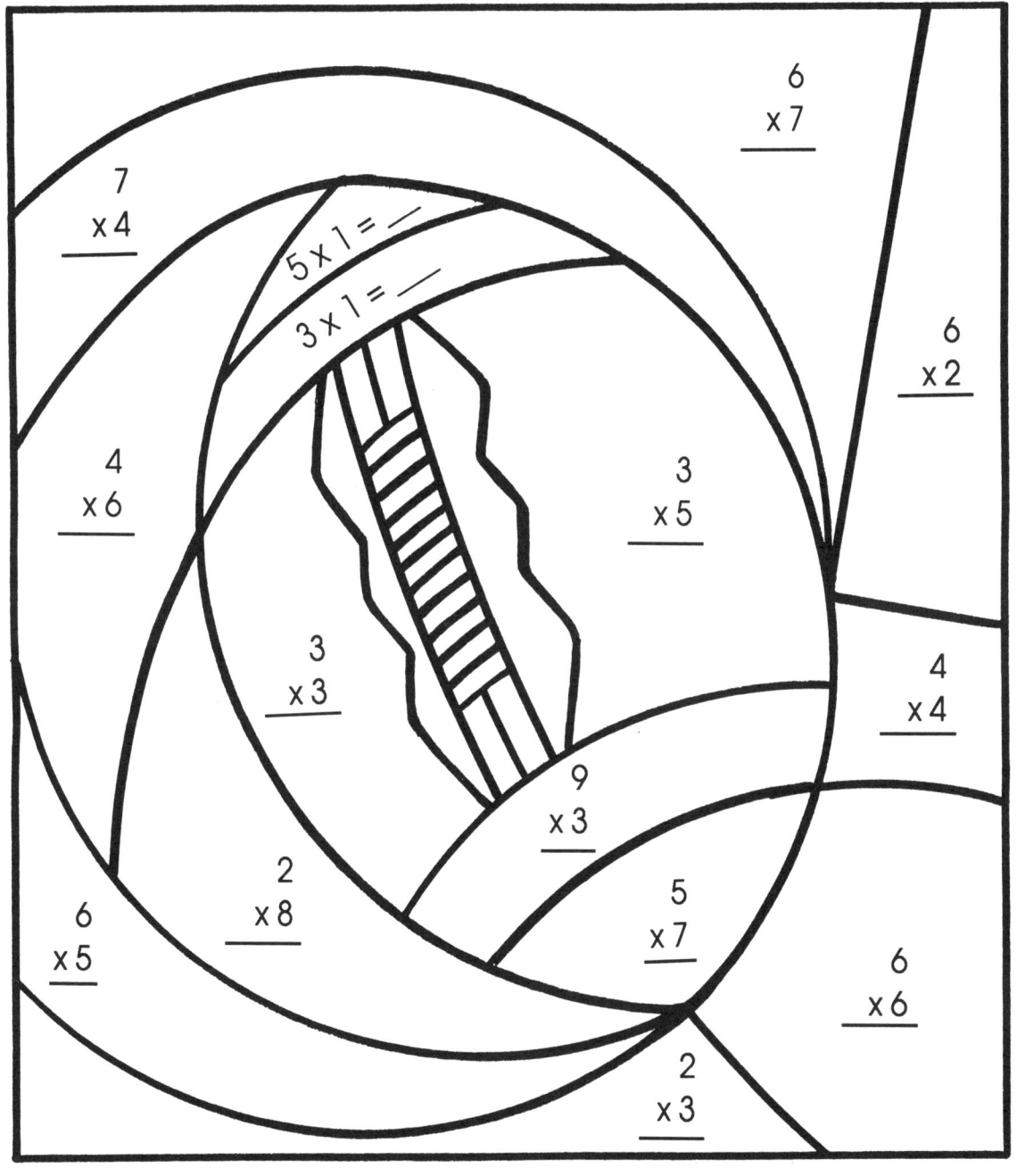

© 1996 Twin Sisters Productions, Inc.   27   Twin 201 - Multiplication

Name_____   Multiplication Factors: 0-10

COUNTING BY 10's!

Practice counting by 10's.
Fill in the blanks.

<u>10</u> __ __ __ __ __ __ <u>70</u> __ __ __ <u>110</u> __

Count by ten's.
Help the gymnast score a perfect 10!
You can move across, diagonally,
up, or down. Draw a line through each
box as you move through the maze.

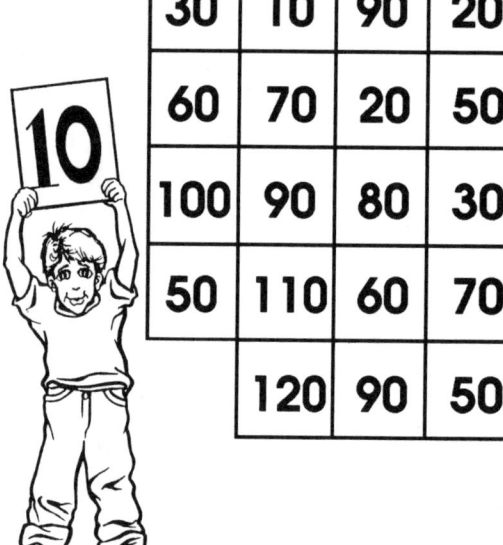

80	100	70	30	10
30	10	90	20	70	80
60	70	20	50	30	60
100	90	80	30	110	40
50	110	60	70	10	50
	120	90	50	60	20

Multiply.

10	3	6	10	10	2	11	5
x 2	x 10	x 10	x 10	x 4	x 10	x 10	x 10

10	12	10	10	7	9	10	4
x 8	x 10	x 1	x 2	x 10	x 10	x 3	x 10

© 1996 Twin Sisters Productions, Inc.   Twin 201 - Multiplication

Name_____ Multiplication Factors: 0-10

TOUCHDOWN!

Write each product.

10 × 6	8 × 8	10 × 3	5 × 4	2 × 2	12 × 6
5 × 5	7 × 9	4 × 5	8 × 6	11 × 4	2 × 8
9 × 4	12 × 9	10 × 10	2 × 3	5 × 7	4 × 4

9 × 9	8 × 2	7 × 3	12 × 3	6 × 3	12 × 7	10 × 4
6 × 2	12 × 8	3 × 6	11 × 7	3 × 3	2 × 0	11 × 3
10 × 9	7 × 9	10 × 0	8 × 3	11 × 2	7 × 1	7 × 4
7 × 6	11 × 8	10 × 5	7 × 5	12 × 6	3 × 1	11 × 6
10 × 8	3 × 5	12 × 4	6 × 4	8 × 0	10 × 1	8 × 5
6 × 6	12 × 9	10 × 7	11 × 5	10 × 12	11 × 1	8 × 6
10 × 11	12 × 5			6 × 5	10 × 2	3 × 6

Multiplication Factors: 0-10

MULTIPLICATION PUZZLE

Fill in the missing products.
Multiply the numbers horizontally with the numbers vertically.

NOW YOU'RE KICKIN'!

x	1	2	3	4	5	6	7	8	9	10
1	1									
2			6							
3					15				27	
4										
5		10					35			
6										
7				28						70
8						48				
9								72		
10										

© 1996 Twin Sisters Productions, Inc.   Twin 201 - Multiplication

Name_____   Multiplication Factors: 0-11

Counting By 11's!

Practice counting by 11's.
Fill in the blanks.

<u>11</u> __ __ __ __ __ __ <u>77</u> __ __ <u>110</u> __ __

Count by eleven's.
Help the football player score a touchdown.
You can move across, diagonally, up, or down. Draw a line through each box as you move through the maze.

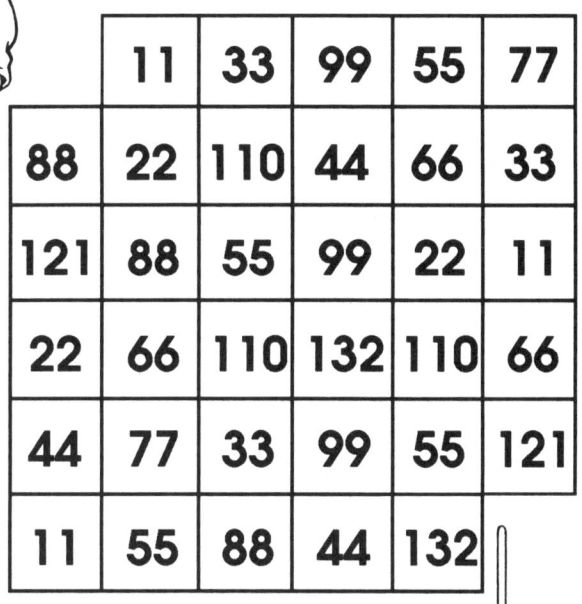

Multiply.

```
   3       11       2       11       5             11       6
 x11      x 7     x 11      x 4     x 11          x 9     x 11
 ___      ___     ___       ___     ___           ___     ___

  11       3       11       12       11       7       11       2
 x 10    x 11     x 8      x 1      x 11     x 11    x 0     x 11
 ___     ___      ___      ___      ___      ___     ___     ___
```

© 1996 Twin Sisters Productions, Inc.

Name_____ Multiplication Factors: 0-11

THE RACE IS ON

Write the correct problem in each cloud.
There could be more than one correct answer.

Name_____ Multiplication Factors: 0-11

HIT THE TARGET

Complete each target puzzle.

Name_____   Multiplication Factors: 0-12

COUNTING BY 12'S!

Practice counting by 12's.
Fill in the blanks.

<u>12</u> ___ ___ ___ <u>72</u> ___ ___ ___ <u>120</u> ___ ___

Count by twelve's.
Help the cyclist finish the race.
You can move across, diagonally,
up, or down. Draw a line through each
box as you move through the maze.

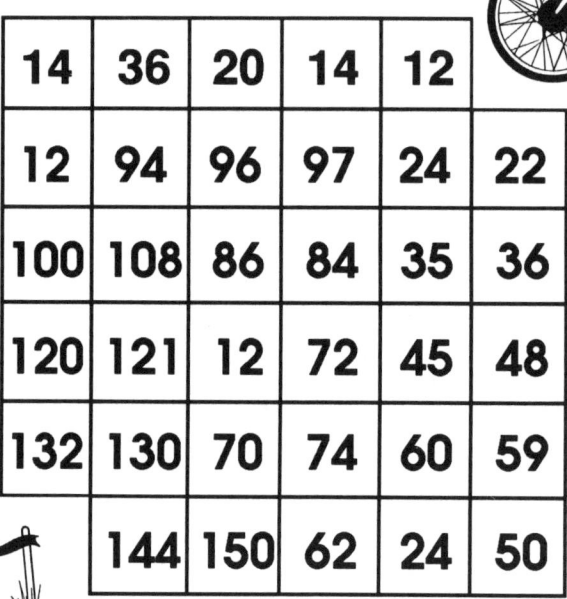

Finish

Multiply.

12	3	12	12	5	11	12	6
x 2	x 12	x 12	x 7	x 12	x 12	x 9	x 12

4	12	12	8	10	12	12	7
x 12	x 10	x 1	x 12	x 12	x 0	x 3	x 12

© 1996 Twin Sisters Productions, Inc.   Twin 201 - Multiplication

Name_____ Multiplication Factors: 0-12

BATTER UP!

Multiply. Each answer stands for the letter in the box.
Use the letters to solve the message.

9 x 2 = Y	7 x 4 = E	3 x 3 = L	12 x 4 = P
6 x 7 = B	4 x 5 = L	8 x 4 = A	2 x 6 = T
5 x 5 = L	10 x 4 = S	11 x 5 = L	6 x 6 = A

$\overline{20}$ $\overline{28}$ $\overline{12}$ $\overline{40}$ $\overline{48}$ $\overline{55}$ $\overline{32}$ $\overline{18}$

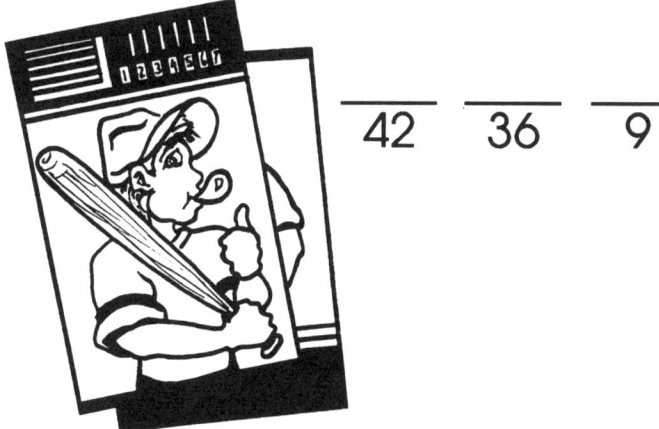

$\overline{42}$ $\overline{36}$ $\overline{9}$ $\overline{25}$

Name _____   Multiplication Factors: 0-12

It's a Strike!

Multiply. Cross off the answers on the bowling pin.

12 × 5 = ___
11 × 2 = ___
6 × 8 = ___
4 × 4 = ___

3 × 4 = ___
5 × 6 = ___
7 × 5 = ___
8 × 7 = ___

12 × 7 = ___
3 × 6 = ___
4 × 9 = ___

9 × 6 = ___
2 × 7 = ___
5 × 5 = ___

18	54
35	36
48	30
22	84
12	56
60	16
25	14

© 1996 Twin Sisters Productions, Inc.   Twin 201 - Multiplication

Name _____   Multiplication of 2 Digit Numbers
Without Regrouping

PRACTICE MAKES PERFECT

Write each product.

| 14 | 12 | 11 | 21 | 10 | 12 | 11 | 32 |
| x 2 | x 3 | x 9 | x 3 | x 8 | x 2 | x 4 | x 3 |

| 10 | 16 | 12 | 11 | 31 | 40 | 10 | 44 |
| x 6 | x 0 | x 3 | x 7 | x 2 | x 2 | x 9 | x 2 |

| 22 | 20 | 21 | 22 | 42 | 11 | 13 | 40 |
| x 3 | x 3 | x 4 | x 2 | x 2 | x 2 | x 3 | x 0 |

| 23 | 43 | 34 | 21 | 12 | 10 | 40 | 20 |
| x 3 | x 2 | x 2 | x 2 | x 4 | x 7 | x 1 | x 2 |

© 1996 Twin Sisters Productions, Inc.   Twin 201 - Multiplication

Name_____   Multiplication of 2 Digit Numbers
                                                 Without Regrouping

BE A DETECTIVE

Write each product.

68	84	39	24	44	63	99	86	40	62	69	48
K	U	N	O	T	H	P	I	M	Y	L	W

31	12	21
x2	x2	x4

34	13	6	6
x2	x3	x4	x8

21	24	12
x3	x1	x4

22	8
x2	x3

20	42	69	11	43	11	23	62
x2	x2	x1	x4	x2	x9	x3	x1

© 1996 Twin Sisters Productions, Inc.   38   Twin 201 - Multiplication

Name _____

Multiplication of 2 Digit Numbers
With Regrouping

You Can Do It!

Write each product.

Step 1:	Multiply the ones. Put the ten in the tens place	$\begin{array}{r} 43 \\ \times 5 \\ \hline 5 \end{array}$	
Step 2:	Multiply the tens. Add the one that was placed in the tens place.	$\begin{array}{r} 43 \\ \times 5 \\ \hline 215 \end{array}$	$4 \times 5 = 20$ plus $1 = 21$

$\begin{array}{r} 84 \\ \times 3 \\ \hline \end{array}$ $\qquad$ $\begin{array}{r} 66 \\ \times 5 \\ \hline \end{array}$ $\qquad$ $\begin{array}{r} 32 \\ \times 8 \\ \hline \end{array}$ $\qquad$ $\begin{array}{r} 78 \\ \times 5 \\ \hline \end{array}$ $\qquad$ $\begin{array}{r} 36 \\ \times 3 \\ \hline \end{array}$ $\qquad$ $\begin{array}{r} 67 \\ \times 6 \\ \hline \end{array}$

$\begin{array}{r} 43 \\ \times 4 \\ \hline \end{array}$ $\qquad$ $\begin{array}{r} 95 \\ \times 2 \\ \hline \end{array}$ $\qquad$ $\begin{array}{r} 67 \\ \times 3 \\ \hline \end{array}$ $\qquad$ $\begin{array}{r} 49 \\ \times 2 \\ \hline \end{array}$ $\qquad$ $\begin{array}{r} 88 \\ \times 4 \\ \hline \end{array}$ $\qquad$ $\begin{array}{r} 29 \\ \times 3 \\ \hline \end{array}$

$\begin{array}{r} 73 \\ \times 8 \\ \hline \end{array}$ $\qquad$ $\begin{array}{r} 87 \\ \times 7 \\ \hline \end{array}$ $\qquad$ $\begin{array}{r} 55 \\ \times 2 \\ \hline \end{array}$ $\qquad$ $\begin{array}{r} 76 \\ \times 9 \\ \hline \end{array}$ $\qquad$ $\begin{array}{r} 54 \\ \times 6 \\ \hline \end{array}$ $\qquad$ $\begin{array}{r} 64 \\ \times 3 \\ \hline \end{array}$

$\begin{array}{r} 45 \\ \times 2 \\ \hline \end{array}$ $\qquad$ $\begin{array}{r} 94 \\ \times 5 \\ \hline \end{array}$ $\qquad$ $\begin{array}{r} 22 \\ \times 6 \\ \hline \end{array}$ $\qquad$ $\begin{array}{r} 39 \\ \times 2 \\ \hline \end{array}$ $\qquad$ $\begin{array}{r} 49 \\ \times 3 \\ \hline \end{array}$ $\qquad$ $\begin{array}{r} 50 \\ \times 4 \\ \hline \end{array}$

© 1996 Twin Sisters Productions, Inc.

Name _____

Multiplication of 2 Digit Numbers
With Regrouping

How About A Game?

Write each product.

63 × 4

72 × 8

39 × 2

45 × 3

92 × 6

84 × 5

34 × 4

29 × 3

37 × 2

64 × 3

Name_____ Multiplication of 3 Digit Numbers
With Regrouping

Ready To Score

Write each product.

```
 126      192      346      431      124
  x 2      x 3      x 2      x 3      x 4
 ----     ----     ----     ----     ----


 529      243      185      149      432
  x 2      x 3      x 4      x 2      x 3
 ----     ----     ----     ----     ----


 322      245      541      394      258
  x 6      x 3      x 5      x 3      x 2
 ----     ----     ----     ----     ----


                   251      348      492
                    x 5      x 3      x 5
                   ----     ----     ----


                   169      582      641
                    x 2      x 4      x 5
                   ----     ----     ----
```

© 1996 Twin Sisters Productions, Inc.   Twin 201 - Multiplication

Name _____   Problem Solving

Sporting Fun

Solve each story problem.

A. Tyler scored 2 goals at each game. He played 6 games. How many goals did he score altogether?

_____ = ____

B. Karen got 2 hits during the softball game. Her twin sister Kim got twice as many hits. How many hits did Kim get?

_____ = ____

C. Todd swam 4 laps 3 times on Saturday. How many laps did Todd swim on Saturday altogether?

_____ = ____

D. Lisa jumped rope 12 times without missing. She did this 6 times in a row. How many times did Lisa jump rope altogether?

_____ = ____

E. Rick ran around the track 2 times. Scott ran around the track 4 times as many as Rick. How many times did Scott run around the track?

_____ = ____

F. Dad coached 2 baseball games on Monday. On Tuesday he coached 3 times as many games as he did on Monday. How many games did Dad coach on Tuesday?

_____ = ____

G. Mom walks 7 times each week. How many walks will mom go on in 3 weeks?

_____ = ____

H. Andrew made 4 baskets at the basketball game. He did this 8 weeks in a row. How many baskets did Andrew make altogether?

_____ = ____

© 1996 Twin Sisters Productions, Inc.   Twin 201 - Multiplication

Name _____   Problem Solving

Blast Off Into Learning

Solve each story problem.

A. There are 2 spaceships. Each spaceship has 4 astronauts in it. How many astronauts are there altogether?

_____ = ____

B. Sue has 5 pockets in her spacesuit. Adam has twice as many pockets in his spacesuit. How many pockets does Adam have?

_____ = ____

C. There are 6 compartments of food on the aircraft. There are 7 dinners in each compartment. How many dinners are there altogether?

_____ = ____

D. There are 9 flying saucers. There are 11 friendly aliens in each flying saucer. How many aliens are there in all?

_____ = ____

E. Astronomers discovered 3 new planets. Each planet had 12 large craters on it. How many craters were there altogether?

_____ = ____

F. Matt saw 2 falling stars. James saw 3 times as many falling stars as Matt. How many falling stars did James see?

_____ = ____

G. There are 2 cages. Each cage has 4 space monkeys in it. How many monkeys are there altogether?

_____ = ____

H. There are 6 white spacesuits. There are twice as many blue spacesuits. How many blue spacesuits are there in all?

_____ = ____

© 1996 Twin Sisters Productions, Inc.   Twin 201 - Multiplication

Name_____

Problem Solving

A Trip To The Zoo

Solve each story problem.

A. There are 6 cages. Each cage has 2 tigers in it. How many tigers are there in all?

_____ = ____

B. There are 3 monkeys on each vine. There are 5 vines. How many monkeys are there altogether?

_____ = ____

C. There are 4 hills of grass. There are 7 lambs feeding on each hill. How many lambs are there in all?

_____ = ____

D. Pam, the zookeeper, fed the animals twice each day of the week. How many times altogether did the animals get fed?

_____ = ____

E. There are 12 trees. There are 2 giraffes by each tree. How many giraffes are there in all?

_____ = ____

F. There are 10 aquariums. Each aquarium has 2 snakes in it. How many snakes are there in all?

_____ = ____

G. Debbie and Jane spent 3 hours at the zoo. Darla and Joanne were there 3 times as long. How many hours did Darla and Joanne spend at the zoo?

_____ = ____

H. There are 9 ponds at the zoo. Each pond has 6 ducks in it. How many ducks are there altogether?

_____ = ____

© 1996 Twin Sisters Productions, Inc.

Twin 201 - Multiplication

Name _____   Problem Solving

SAVE OUR EARTH

Solve each story problem.

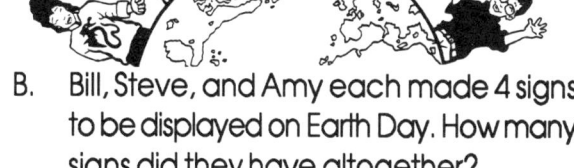

A. Kathy collects 10 cans to be recycled each week. How many cans does Kathy collect in 9 weeks?

_____ = _____

B. Bill, Steve, and Amy each made 4 signs to be displayed on Earth Day. How many signs did they have altogether?

_____ = _____

C. Ryan and Renee each filled 4 garbage bags to help clean up their community. How many garbage bags did they have in all?

_____ = _____

D. There are 6 recycling bins. There are 7 plastic bottles in each bin. How many plastic bottles are there in all?

_____ = _____

E. There are 12 classrooms at Hazel Harvey Elementary. Each classroom made 3 banners about saving our earth. How many banners were made in all?

_____ = _____

F. Randy saved 3 aluminum cans. Michelle saved 4 times as many as Randy. How many cans did Michelle save?

_____ = _____

G. Jeremy and Melissa each raked 5 piles of leaves for their neighbors. How many piles of leaves were raked in all?

_____ = _____

H. Mrs. Thompson's class recycled 2 boxes of paper. Mrs. Minard's class recycled twice as many boxes. How many boxes of paper did Mrs. Minard's class recycle?

_____ = _____

Name _____   Problem Solving

A Day At Sea

Solve each story problem.

A. There are 5 schools of fish. Each school has 9 fish in it. How many fish are there altogether?

_____ = ____

B. There are 6 starfish. Each starfish has 5 points on it. How many points are there in all?

_____ = ____

C. Tom saw 2 sharks. Joan saw 3 times as many sharks as Tom. How many sharks did Joan see?

_____ = ____

D. There are 7 yellow fish. Each fish has 9 blue spots on it. How many spots are there altogether?

_____ = ____

E. There are 4 baleen whales. Each baleen whale has 1 baby. How many babies are there altogether?

_____ = ____

F. There are 8 traps. Each trap has 4 lobsters in it. How many lobsters were caught in all?

_____ = ____

G. There are 8 fishing boats. Each boat has 3 fishermen aboard. How many fisherman are there altogether?

_____ = ____

H. Greg saw 2 dolphins swimming in the ocean. Michael saw 3 times as many dolphins as Greg. How many dolphins did Michael see?

_____ = ____

Name_____   Problem Solving

Pet Store Problems

Solve each story problem.

A. Jim bought a fish that was 3 inches long. Jean bought a fish 2 times as long as Jim's fish. How many inches long was Jean's fish?

_____ = _____

B. Five customers came in the pet store. Each customer bought 2 pets. How many pets were bought in all?

_____ = _____

C. Jane walked her dog 4 times each week. Tom walked his dog 3 times as much as Jane. How many times a week did Tom walk his dog?

_____ = _____

D. Seven children painted the pet store. Each child used 3 liters of paint. How many liters were used in all?

_____ = _____

E. There are 12 cages at the pet store. Each cage has 6 kittens in it. How many kittens are there altogether?

_____ = _____

F. Bob bought 2 rabbits on Friday. On Saturday, Dena bought twice as many rabbits. How many rabbits did Dena buy on Saturday?

_____ = _____

G. There were 10 gerbils. Each gerbil ate 8 pieces of food. How many pieces of food were eaten altogether?

_____ = _____

H. There are 6 bird cages at the pet store. Each cage has 3 birds in it. How many birds are there in all?

_____ = _____

© 1996 Twin Sisters Productions, Inc.   Twin 201 - Multiplication

Name _____ Factors 0-2

PRACTICE PAGE

2 x 0	2 x 8	1 x 2	2 x 10	2 x 2	2 x 7	0 x 8	2 x 6
2 x 10	0 x 0	2 x 6	2 x 8	1 x 12	2 x 9	0 x 1	2 x 1
1 x 1	2 x 4	2 x 9	0 x 1	12 x 2	2 x 3	1 x 11	0 x 2
2 x 4	0 x 2	2 x 2	2 x 9	1 x 12	0 x 6	1 x 2	2 x 12
11 x 0	2 x 3	1 x 3	2 x 5	0 x 3	0 x 11	2 x 3	10 x 1
1 x 9	0 x 3	2 x 6	2 x 12	10 x 2	2 x 12	2 x 5	1 x 8
2 x 8	0 x 4	2 x 6	1 x 5	1 x 7	2 x 11	2 x 5	1 x 9
1 x 6	1 x 5	2 x 4	1 x 4	1 x 8	0 x 10	0 x 5	2 x 7

Practice Page

Factors 0-3

3 × 1	3 × 6	3 × 3	1 × 8	3 × 2	2 × 10	3 × 4	2 × 8
2 × 11	3 × 6	1 × 7	11 × 2	2 × 7	2 × 10	3 × 0	3 × 3
2 × 6	3 × 5	2 × 1	2 × 9	3 × 2	3 × 4	3 × 1	2 × 2
3 × 5	2 × 5	2 × 8	2 × 0	3 × 4	1 × 5	2 × 6	3 × 3
3 × 5	3 × 7	1 × 11	3 × 4	11 × 3	2 × 5	1 × 9	3 × 4
3 × 6	2 × 9	3 × 3	1 × 10	2 × 3	3 × 11	3 × 8	2 × 4
10 × 2	2 × 2	1 × 4	11 × 3	1 × 3	3 × 4	3 × 2	2 × 7
3 × 0	3 × 9	3 × 5	3 × 7	3 × 9	1 × 2	3 × 9	3 × 6

Name _____   Factors 0-4

PRACTICE PAGE

2 ×9	4 ×1	2 ×7	4 ×6	3 ×9	0 ×3	1 ×7	4 ×5
3 ×8	1 ×11	4 ×8	3 ×7	0 ×2	4 ×2	4 ×10	3 ×5
4 ×11	12 ×4	0 ×4	1 ×5	4 ×9	2 ×8	4 ×12	1 ×4
1 ×6	4 ×4	2 ×3	1 ×10	3 ×4	4 ×2	10 ×0	1 ×12
4 ×5	3 ×2	0 ×5	4 ×6	4 ×1	4 ×3	4 ×10	12 ×4
4 ×9	0 ×12	4 ×2	4 ×5	4 ×4	2 ×2	1 ×8	2 ×4
3 ×0	2 ×12	4 ×3	10 ×2	0 ×6	4 ×8	4 ×1	3 ×2
2 ×1	4 ×2	4 ×7	4 ×5	12 ×3	4 ×3	3 ×10	0 ×7

Name _____   Factors 0-5

PRACTICE PAGE

5 x 10	3 x 5	4 x 7	5 x 0	10 x 4	5 x 9	4 x 6	5 x 2
4 x 8	5 x 3	3 x 7	3 x 0	4 x 9	2 x 0	5 x 1	4 x 4
2 x 1	2 x 7	5 x 4	2 x 6	3 x 1	5 x 5	3 x 12	3 x 4
11 x 3	2 x 10	3 x 8	2 x 9	5 x 11	2 x 5	4 x 3	12 x 5
2 x 11	4 x 1	2 x 12	2 x 8	11 x 4	4 x 2	2 x 2	3 x 2
5 x 5	3 x 6	3 x 10	2 x 2	5 x 9	4 x 5	3 x 4	4 x 2
4 x 9	2 x 3	11 x 5	12 x 3	5 x 10	3 x 3	5 x 2	4 x 4
3 x 7	2 x 8	5 x 4	3 x 2	4 x 6	3 x 11	2 x 4	5 x 3

Twin 201 - Multiplication

Name_____   Factors 0-6

Practice Page

6	2	2	4	6	2	3	4
x 0	x 5	x 3	x 2	x 5	x 1	x 12	x 4

2	4	6	2	4	5	2	6
x 4	x 3	x 4	x 8	x 1	x 2	x 2	x 1

6	10	2	6	11	4	6	5
x 11	x 3	x 12	x 3	x 3	x 12	x 6	x 3

5	1	6	5	5	1	4	4
x 12	x 4	x 7	x 4	x 0	x 3	x 11	x 0

3	5	10	3	1	6	2	12
x 5	x 5	x 2	x 9	x 10	x 8	x 11	x 6

1	6	10	6	6	1	2	5
x 5	x 10	x 4	x 2	x 4	x 2	x 9	x 7

6	3	5	1	5	6	6	6
x 2	x 4	x 11	x 6	x 8	x 8	x 0	x 3

6	4	6	6	3	12	6	6
x 10	x 9	x 9	x 1	x 3	x 1	x 9	x 6

© 1996 Twin Sisters Productions, Inc.   Twin 201 - Multiplication

Name _____   Factors 0-7

Practice Page

7	5	6	2	7	3	4	4
x3	x6	x8	x2	x1	x2	x9	x2

3	11	3	7	4	3	7	7
x11	x7	x3	x2	x3	x10	x0	x4

7	2	6	7	10	2	3	6
x12	x3	x5	x6	x6	x11	x1	x4

5	7	2	3	4	5	7	7
x4	x7	x12	x9	x4	x3	x8	x2

6	1	5	12	7	2	3	7
x11	x0	x9	x4	x9	x9	x8	x12

6	7	7	2	4	5	2	6
x3	x4	x1	x0	x5	x8	x8	x0

12	7	7	6	7	7	7	3
x5	x8	x3	x2	x9	x3	x7	x12

3	7	11	4	7	2	4	6
x7	x10	x4	x7	x5	x7	x0	x12

© 1996 Twin Sisters Productions, Inc.   Twin 201 - Multiplication

Name_____ Factors 0-8

PRACTICE PAGE

8 x 2	12 x 4	4 x 6	6 x 10	3 x 2	6 x 4	4 x 3	6 x 9
4 x 11	10 x 7	4 x 4	7 x 1	2 x 9	8 x 3	2 x 6	7 x 9
6 x 5	7 x 2	2 x 5	6 x 3	5 x 10	3 x 4	6 x 8	4 x 5
2 x 8	7 x 8	2 x 4	4 x 10	8 x 5	4 x 2	5 x 9	7 x 7
6 x 7	5 x 4	2 x 7	12 x 8	4 x 7	2 x 3	6 x 1	4 x 8
8 x 9	8 x 1	7 x 6	5 x 8	6 x 6	7 x 7	8 x 0	12 x 3
5 x 7	7 x 4	4 x 1	7 x 5	8 x 7	6 x 0	3 x 11	5 x 0
3 x 8	2 x 3	8 x 0	3 x 7	6 x 12	10 x 2	11 x 7	3 x 6

© 1996 Twin Sisters Productions, Inc. Twin 201 - Multiplication

Practice Page

Factors 0-9

9	3	6	4	7	3	6	8
x 1	x 9	x 6	x 7	x 1	x 3	x 2	x 2

12	4	5	7	3	9	4	6
x 8	x 10	x 7	x 5	x 2	x 2	x 8	x 5

6	4	9	6	4	5	2	7
x 7	x 6	x 3	x 4	x 9	x 6	x 9	x 4

3	6	3	7	2	9	5	3
x 5	x 8	x 8	x 3	x 8	x 4	x 5	x 5

8	11	6	9	5	2	11	4
x 10	x 5	x 9	x 5	x 4	x 2	x 7	x 2

6	8	2	6	2	8	10	8
x 10	x 5	x 3	x 1	x 7	x 8	x 3	x 4

5	10	9	4	7	3	5	2
x 8	x 7	x 7	x 3	x 6	x 12	x 2	x 10

9	9	5	11	4	8	11	6
x 8	x 6	x 10	x 2	x 4	x 1	x 3	x 11

Name_____   Factors 0-10

Practice Page

10	6	3	5	9	4	9	2
×2	×1	×6	×7	×0	×2	×5	×7

8	2	3	10	2	6	7	7
×9	×2	×5	×0	×6	×6	×12	×4

9	5	7	2	4	9	3	6
×3	×8	×5	×5	×3	×4	×7	×2

8	2	9	6	7	10	2	9
×7	×10	×1	×5	×3	×1	×4	×1

7	2	10	4	5	7	3	9
×6	×9	×3	×4	×6	×11	×3	×2

9	3	6	7	9	5	10	3
×9	×8	×4	×2	×3	×4	×4	×2

7	5	9	10	4	6	4	8
×3	×5	×4	×5	×5	×3	×9	×10

10	3	9	7	5	7	9	7
×8	×9	×7	×0	×3	×4	×5	×2

Name _____ Factors 0-12

PRACTICE PAGE

12 x 3 =	4 x 9 =	12 x 2 =	10 x 12 =
9 x 8 =	11 x 12 =	9 x 12 =	11 x 1 =
2 x 3 =	12 x 1 =	9 x 9 =	6 x 11 =
4 x 2 =	10 x 3 =	2 x 2 =	4 x 10 =
11 x 2 =	12 x 9 =	9 x 5 =	8 x 12 =
10 x 1 =	12 x 4 =	11 x 12 =	8 x 4 =
8 x 3 =	2 x 12 =	11 x 11 =	9 x 4 =
4 x 3 =	8 x 2 =	7 x 10 =	10 x 2 =
7 x 1 =	1 x 12 =	10 x 4 =	9 x 7 =
12 x 10 =	2 x 4 =	7 x 12 =	4 x 4 =
7 x 11 =	4 x 8 =	11 x 5 =	11 x 4 =
9 x 3 =	10 x 9 =	10 x 8 =	11 x 10 =
2 x 5 =	8 x 7 =	12 x 5 =	7 x 2 =
2 x 9 =	2 x 8 =	12 x 11 =	2 x 7 =
11 x 3 =	3 x 12 =	10 x 5 =	11 x 9 =
9 x 10 =	7 x 8 =	5 x 12 =	8 x 10 =
10 x 10 =	4 x 12 =	4 x 11 =	2 x 6 =
4 x 6 =	9 x 6 =	7 x 9 =	12 x 6 =
8 x 1 =	10 x 11 =	9 x 2 =	11 x 6 =
8 x 6 =	11 x 7 =	7 x 3 =	11 x 8 =
4 x 7 =	10 x 12 =	2 x 10 =	12 x 12 =
2 x 11 =	6 x 12 =	9 x 1 =	8 x 5 =
12 x 8 =	10 x 7 =	9 x 11 =	7 x 7 =
4 x 5 =	7 x 6 =	12 x 7 =	8 x 9 =
7 x 4 =	8 x 8 =	10 x 6 =	7 x 5 =

TWIN SISTERS PRODUCTIONS
"RAP WITH THE FACTS" - MULTIPLICATION RAP
Side One with Answers - Side Two without Answers

We're going to learn our multiplication facts
Because school and learning is where it's at.
You've got to listen and study and do your part,
So you can get off to a real good start.

You need a good start in the world today.
You've got to exercise your mind, and that's OK.
Turn the TV off and the videos, too.
Your mind is where it's at and it's up to you!

Oh! Rappin' With the Facts
Are you ready? **YEAH!**
Are you ready? **YEAH!**
Yeah? **Yeah! YEAH! YEAH! YEAH!**

2 x 1 = 2	3 x 1 = 3	4 x 1 = 4	5 x 1 = 5
2 x 2 = 4	3 x 2 = 6	4 x 2 = 8	5 x 2 = 10
2 x 3 = 6	3 x 3 = 9	4 x 3 = 12	5 x 3 = 15
2 x 4 = 8	3 x 4 = 12	4 x 4 = 16	5 x 4 = 20
2 x 5 = 10	3 x 5 = 15	4 x 5 = 20	5 x 5 = 25
2 x 6 = 12	3 x 6 = 18	4 x 6 = 24	5 x 6 = 30
2 x 7 = 14	3 x 7 = 21	4 x 7 = 28	5 x 7 = 35
2 x 8 = 16	3 x 8 = 24	4 x 8 = 32	5 x 8 = 40
2 x 9 = 18	3 x 9 = 27	4 x 9 = 36	5 x 9 = 45
2 x 10 = 20	3 x 10 = 30	4 x 10 = 40	5 x 10 = 50
2 x 11 = 22	3 x 11 = 33	4 x 11 = 44	5 x 11 = 55
2 x 12 = 24	3 x 12 = 36	4 x 12 = 48	5 x 12 = 60

Learning the 2's was as simple as can be. Let's get real tough and learn our 3's.

Ooh, you're so good. Let's do some more. Let's get down to business and learn our 4's.

Now we're warmed up and we're startin' to jive. Let's jazz it up and learn our 5's.

6's are neat. Can you keep the beat? Let's go on; can you tap your feet?

6 x 1 = 6	7 x 1 = 7	8 x 1 = 8	9 x 1 = 9
6 x 2 = 12	7 x 2 = 14	8 x 2 = 16	9 x 2 = 18
6 x 3 = 18	7 x 3 = 21	8 x 3 = 24	9 x 3 = 27
6 x 4 = 24	7 x 4 = 28	8 x 4 = 32	9 x 4 = 36
6 x 5 = 30	7 x 5 = 35	8 x 5 = 40	9 x 5 = 45
6 x 6 = 36	7 x 6 = 42	8 x 6 = 48	9 x 6 = 54
6 x 7 = 42	7 x 7 = 49	8 x 7 = 56	9 x 7 = 63
6 x 8 = 48	7 x 8 = 56	8 x 8 = 64	9 x 8 = 72
6 x 9 = 54	7 x 9 = 63	8 x 9 = 72	9 x 9 = 81
6 x 10 = 60	7 x 10 = 70	8 x 10 = 80	9 x 10 = 90
6 x 11 = 66	7 x 11 = 77	8 x 11 = 88	9 x 11 = 99
6 x 12 = 72	7 x 12 = 84	8 x 12 = 96	9 x 12 = 108

7's are really out of sight - Come on, come on, let's do it right.

Things are really going great. Let's move up and do the 8's.

Wow, you sure are doing fine. Let's have fun and do the 9's.

When you multiply by 10 Zero is the key - Let's do it again.

10 x 1 = 10	11 x 1 = 11	12 x 1 = 12
10 x 2 = 20	11 x 2 = 22	12 x 2 = 24
10 x 3 = 30	11 x 3 = 33	12 x 3 = 36
10 x 4 = 40	11 x 4 = 44	12 x 4 = 48
10 x 5 = 50	11 x 5 = 55	12 x 5 = 60
10 x 6 = 60	11 x 6 = 66	12 x 6 = 72
10 x 7 = 70	11 x 7 = 77	12 x 7 = 84
10 x 8 = 80	11 x 8 = 88	12 x 8 = 96
10 x 9 = 90	11 x 9 = 99	12 x 9 = 108
10 x 10 = 100	11 x 10 = 110	12 x 10 = 120
10 x 11 = 110	11 x 11 = 121	12 x 11 = 132
10 x 12 = 120	11 x 12 = 132	12 x 12 = 144

Let's go higher; I know you can. The facts of 11 are simply grand.

The 12's are last; you're almost through. Learn your facts; it's up to you.

We've just learned our multiplication facts
Because school and learning is where it's at.
We listened and studied and did our part,
And now we're off to a real good start.

Now that you're learnin' and you're feelin' fine,
there's one more thing you've got to keep in mind,
so get out your books cause you're in the lead.

It's up to you if you succeed!

© 1996 Twin Sisters Productions, Inc.   Twin 201 - Multiplication

ANSWER KEY

Page 3:
A. 0,0,0,0,0,0,0,0
B. 6,3,2,7,12,4,5,8
C. 0,6,0,10,0,2,0,0

Boxed Answers:
0,7,9,0,11,0
8,0,0,3,0,12
24,0,48,55,0,391

Page 4:
2 4 6 8 10 12 14 16 18 20 22 24
Follow this path to the goal.
4, 8, 14, 6, 12, 18, 10, 2
22, 12, 6, 24, 10, 16, 20, 8

Page 7:
3 6 9 12 15 18 21 24 27 30 33 36
Follow this path to the hoop.
6, 9, 18, 27, 30, 3, 12, 15
21, 36, 3, 12, 18, 6, 36, 24

Page 5:
1. 8 2. 10 3. 14 4. 12

Page 6:
10, 12, 6, 14, 18, 8, 16

Page 8:
A. 12
B. 9
C. 15
D. 6

Page 9:
18, 6, 12, 30
3, 21, 27, 9
12, 15, 33, 18
36, 3

Page 10:
4 8 12 16 20 24 28 32 36 40 44 48
Follow this path to the plate.
4, 24, 48, 20, 8, 28, 20, 16
12, 44, 8, 0, 48, 32, 4, 40

Page 11:
3, 3, 9, 3, 10, 2
28, 11, 4, 4, 48, 5
4, 2, 4, 4

Page 12:
16,20,6,4,28,36,32,24
0,40,8,48,12,16,44,4
10,14,18,24,30,32,24,9
2,18,12,14,30,6,0,36
16,6,28,18

Page 13:
5 10 15 20 25 30 35 40 45 50 55 60
Follow the path to the strike.
10, 35, 20, 15, 25, 30, 10, 40
0, 45, 40, 55, 60, 20, 5, 50

Page 14:
15, 30, 10, 35
45, 50, 12, 55
30, 20, 18, 4
9, 12

Page 15:
A. 10, 25, 30, 4, 20, 33
B. 12, 35, 6, 45, 15, 16

Page 16:
6 12 18 24 30 36 42 48 54 60 66 72
Follow the path to the finish line.
6, 12, 24, 18, 12, 18, 72, 60
48, 66, 0, 30, 42, 36, 54, 12

Page 17:

Page 18:
4 8 36
11 2
7 60 9

Page 19:
7 14 21 28 35 42 49 56 63 70 77 84
Follow the path to the gold medal.
7, 28, 14, 21, 84, 49, 70, 35
49, 77, 56, 63, 42, 42, 35, 21

Page 20:
21 42 63 70
14 84 7 28
35 49 42 56
77 63

Page 21:
28 24 14 16
H O L E

42 48
I N

24 48 16
O N E

© 1996 Twin Sisters Productions, Inc.   Twin 201 - Multiplication

Page 22:
8 16 24 32 40 48 56 64 72 80 88 96
Follow the path to the hole.
24, 80, 64, 16, 32, 48, 40, 72
96, 24, 88, 9, 56, 16, 0, 32

Page 25:
9 18 27 36 45 54 63 72 81 90 99 108
Follow the above path through the race.
9, 18, 18, 45, 108, 81, 90, 72
27, 99, 63, 36, 0, 27, 18, 54

Page 26:
9 18 27 36 45 54 63 72 81 90

Page 29:
60 64 30 20 4 72
25 63 20 48 44 16
36 108 100 6 35 16
81 16 21 36 18 84 40
12 96 18 77 9 0 33
90 63 0 24 22 7 28
42 88 50 35 72 3 66
80 15 48 24 0 10 40
36 108 70 55 120 11 48
110 60 30 20 18

Page 23:
A. 24, 12, 50, 56, 22, 48, 72, 4
B. 18, 9, 64, 84, 0, 40, 32, 96
C. 25, 8, 80, 66, 16, 36, 35, 88

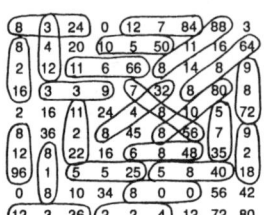

Page 28:
10 20 30 40 50 60 70 80 90 100 110 120
Follow the path to the gymnast
20, 30, 60, 100, 40, 20, 110, 50
80, 120, 10, 20, 70, 90, 30, 40

Page 30:
1 2 3 4 5 6 7 8 9 10
2 4 6 8 10 12 14 16 18 20
3 6 9 12 15 18 21 24 27 30
4 8 12 16 20 24 28 32 36 40
5 10 15 20 25 30 35 40 45 50
6 12 18 24 30 36 42 48 54 60
7 14 21 28 35 42 49 56 63 70
8 16 24 32 40 48 56 64 72 80
9 18 27 36 45 54 63 72 81 90
10 20 30 40 50 60 70 80 90 100

Page 24:
Missing numbers are:
4 5 16 9 3
42 4 8 12 54
7 72 5 24 2
20 6 45 11 40
4 28 36 10 48
49 9 21 4 49

Page 27:
Only the facts inside the football are odd.
5 x 1 = 5
3 x 1 = 3
3 x 5 = 15
3 x 3 = 9
9 x 3 = 27
5 x 7 = 35

Page 31:
11 22 33 44 55 66 77
88 99 110 121 132
Follow the path to
a touchdown.
33, 77, 22, 44, 55, 99, 66
110, 33, 88, 132, 11, 77, 0, 22

Page 34:
12 24 36 48 60 72 84
96 108 120 132 144
Follow the path to the finish line.
24, 36, 144, 84, 60, 132, 108, 72
48, 120, 12, 96, 120, 0, 36, 84

Page 32:
A. 8 B. 2 C. 9 D. 11 E. 10 F. 5
x7   x6   x0   x3   x10   x5
56   12   0   33   100   25

G. 11 H. 5 I. 6 J. 8 K. 3 L. 1
x11   x11   x7   x11   x9   x11
121   55   42   88   27   11

M. 2 N. 11 O. 11 P. 12 Q. 8 R. 11 S. 11
x10   x7   x4   x11   x2   x10   x6
20   77   44   132   16   110   66

Page 33:

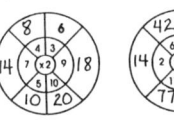  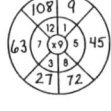

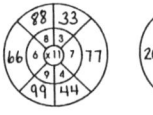 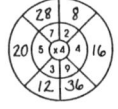 

Page 35:
18 28 9 48
42 20 32 12
25 40 55 36
LET'S PLAY BALL

Page 36:
60 22 48 16
12 30 35 56
84 18 36
54 14 25

Page 37:
28, 36, 99, 63, 80, 24, 44, 96
60, 0, 36, 77, 62, 80, 90, 88
66, 60, 84, 44, 84, 22, 39, 0
69, 86, 68, 42, 48, 70, 40, 40

Page 38:
62 24 84   68 39 24 48
Y   O   U   K   N   O   W

63 24 48   44 24
H   O   W   T   O

40 84 60 44 86 99 69 62
M   U   L   T   I   P   L   Y

Page 39:
252, 330, 256, 390, 108, 402
172, 190, 201, 98, 352, 87
584, 609, 110, 684, 324, 192
90, 470, 132, 78, 147, 200

Page 40:
252, 576, 78, 135
552, 420
136, 87, 74, 192

Page 41:
252, 576, 692, 1293, 496
1058, 729, 740, 298, 1296
1932, 735, 2705, 1182, 516
1255, 1044, 2460
338, 2328, 3205

Page 42:
A. 2 X 6 = 12   B. 2 X 2 = 4
C. 4 X 3 = 12   D. 12 X 6 = 72
E. 2 X 4 = 8   F. 2 X 3 = 6
G. 7 X 3 = 21   H. 4 X 8 = 32

Page 43:
A. 2 X 4 = 8   B. 5 X 2 = 10
C. 6 X 7 = 42   D. 9 X 11 = 99
E. 3 X 12 = 36   F. 2 X 3 = 6
G. 2 X 4 = 8   H. 6 X 2 = 12

Page 44:
A. 6 X 2 = 12   B. 3 X 5 = 15
C. 4 X 7 = 28   D. 7 X 2 = 14
E. 12 X 2 = 24   F. 10 X 2 = 20
G. 3 X 3 = 9   H. 9 X 6 = 54

Page 45:
A. 10 X 9 = 90   B. 4 X 3 = 12
C. 2 X 4 = 8   D. 6 X 7 = 42
E. 12 X 3 = 36   F. 3 X 4 = 12
G. 5 X 2 = 10   H. 2 X 2 = 4

Page 46:
A. 5 X 9 = 45   B. 6 X 5 = 30
C. 2 X 3 = 6   D. 7 X 9 = 63
E. 4 X 1 = 4   F. 8 X 4 = 32
G. 8 X 3 = 24   H. 2 X 3 = 6

Page 47:
A. 3 X 2 = 6   B. 5 X 2 = 10
C. 4 X 3 = 12   D. 7 X 3 = 21
E. 12 X 6 = 72   F. 2 X 2 = 4
G. 10 X 8 = 80   H. 6 X 3 = 18

Page 48:
0 16 2 20 4 14 0 12
20 0 12 16 12 18 0 2
1 8 18 0 24 6 11 0
8 0 4 18 12 0 2 24
11 6 3 10 0 0 6 10
9 0 12 24 20 24 10 8
16 0 12 5 7 22 10 9
6 5 8 4 8 0 0 14

Page 49:
3 18 9 8 6 20 12 16
22 18 7 22 14 20 0 9
12 15 2 18 6 12 3 4
15 10 16 0 12 5 12 9
15 21 11 12 33 10 9 12
18 19 9 10 6 33 24 8
20 4 4 33 3 12 6 14
0 27 15 21 27 2 27 18

Page 50:
18 4 14 24 27 0 7 20
24 11 32 21 0 8 40 15
44 48 0 5 36 16 36 4
6 16 6 10 12 8 0 12
20 6 0 24 4 12 40 48
36 0 8 20 16 4 8 8
0 24 12 20 0 32 4 6
2 8 28 20 36 12 30 0

Page 51:
50 15 28 0 40 45 24 10
32 15 21 0 36 0 5 16
2 14 20 12 3 25 36 12
33 20 24 18 55 10 12 60
22 4 24 16 44 8 4 6
25 18 30 4 45 20 12 8
36 6 55 36 50 9 10 16
21 16 20 6 24 33 8 15

Page 52:
0 10 6 8 30 2 36 16
8 12 24 16 4 10 4 6
66 30 24 18 33 48 36 15
60 4 42 20 0 3 44 0
15 25 20 27 10 48 22 72
5 60 40 12 24 2 18 35
12 12 55 6 40 48 0 18
60 36 54 6 9 12 54 36

Page 53:
21 30 48 4 7 6 36 8
33 77 9 14 12 30 0 28
84 6 30 42 60 22 3 24
20 49 24 27 16 15 56 14
66 0 45 48 63 18 24 84
18 28 7 0 20 40 16 0
60 56 21 12 63 21 49 36
21 70 44 28 35 14 0 72

Page 54:
16 48 24 60 6 24 12 54
44 70 16 7 18 24 12 63
30 14 10 18 50 12 48 20
16 56 8 40 40 8 45 49
42 20 14 96 28 6 6 32
72 8 42 40 36 49 0 36
35 28 4 35 56 0 33 0
24 6 0 21 72 20 77 18

Page 55:
9 27 36 28 7 9 12 16
96 40 35 35 6 18 32 30
42 24 27 24 36 30 18 28
15 48 24 21 16 36 25 15
80 55 54 45 20 4 77 8
60 40 6 6 14 64 30 32
40 70 63 12 42 36 10 20
72 54 50 22 16 8 33 66

Page 56:
20 6 18 35 0 8 45 14
72 4 15 0 12 36 84 28
27 40 35 10 12 36 21 12
56 20 9 30 21 10 8 9
42 18 30 16 30 77 9 18
81 24 24 14 27 20 40 6
21 25 36 50 20 18 36 80
80 27 63 0 15 28 45 14

Page 57:
63 22 24 110 35 10 8 42
64 14 36 18 25 33 36 15
20 42 22 28 30 10 16 11
99 45 12 15 18 24 49 44
132 5 24 6 55 30 28 9
56 66 9 18 35 90 1 14
8 81 88 6 48 54 77 12
110 40 16 40 48 33 12 4

Page 58:
144 8 10 45 88 12 108 5
24 108 6 84 120 36 72 16
32 15 36 27 66 77 24 20
6 18 20 60 110 18 30 24
99 50 9 24 63 132 70 14
45 72 54 55 72 12 90 11
121 56 100 40 66 25 50 48
27 35 60 36 60 44 81 28

Page 59:
36 36 24 120
72 132 108 11
6 12 81 66
8 30 4 40
22 108 45 96
10 48 132 32
24 24 121 36
12 16 70 20
7 12 40 63
120 8 84 16
77 32 55 44
27 90 80 110
10 56 60 14
18 16 132 14
33 36 50 99
90 56 60 80
100 48 44 12
24 54 63 72
8 110 18 66
48 77 21 88
28 120 20 144
22 72 9 40
96 70 99 49
20 42 84 72
28 64 60 35

Practice Makes Perfect!

© 1996 Twin Sisters Productions, Inc.   Twin 201 - Multiplication